无人机，来了！

王懿墨　屠正阳◎著　东千兔兔◎绘

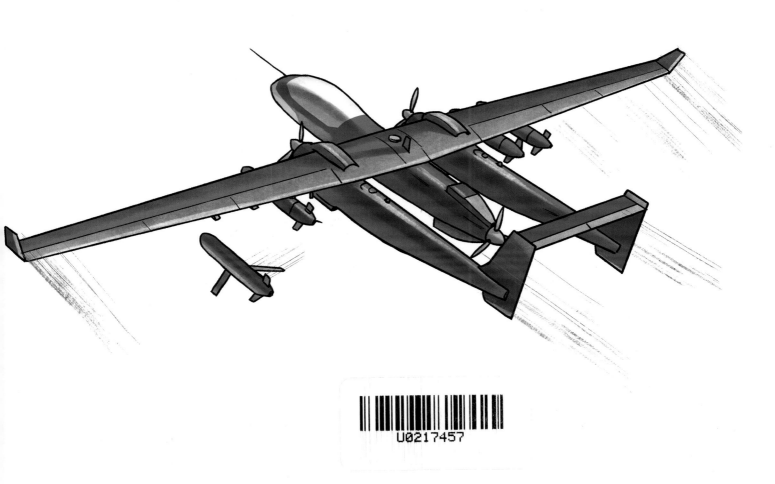

U0217457

北京科学技术出版社

什么是航展？

航展的全称是"航空航天展览会"。航展旨在展示航空航天事业取得的成果。我国知名的航展有中国国际航空航天博览会、空军航空开放活动·长春航空展、北京无人机产业博览会等。

赤心墨兔说

无侦-7 高空无人侦察机

能不停歇地飞行十几个小时，在万米高空对地面人员进行面部识别，为远程火箭炮和弹道导弹"指路"。

察打一体无人机

旋翼无人机

这架无人机可真威风，炫酷的外形像一只大蜻蜓！我要把它拍下来！

第一次参观无人机航展

你听说过无人机航展吗？这种展览的主角是各种无人机。快和我们一起去参观这场充满科技感的展览吧！

国际无人机展览参观票
参观者可在展览区近距离观看各种无人机。

国际无人机竞赛参观票
参观者可在竞赛区观看各种无人机竞赛，比如无人机足球赛。

国际无人机表演参观票
参观者可进入表演区，借助无人机可穿戴设备，在教练员的指导下控制无人机，使其做出高难度的飞行动作。

无人机展览、无人机竞赛、无人机表演……咱们先去看哪个呀？

逛逛室内展厅吧！

室内展厅宽敞明亮，分为多个展区。一架令人瞩目的大型无人机陈列在展厅中央。

展会不仅展示了各种无人机，还聚集了多家航空航天机构。

在航展上能了解很多航空知识，真开心！

无侦-7 高空无人侦察机

国际无人机展览区

无人机不需要驾驶员就能起飞和降落，好神奇呀！

国际无人机表演区

"彩虹"与"翼龙"

我们来到了室外展区，这里陈列着几架大型无人机。伴随着发动机的轰鸣声，一架涂有蓝天迷彩花纹的无人机呼啸升空。

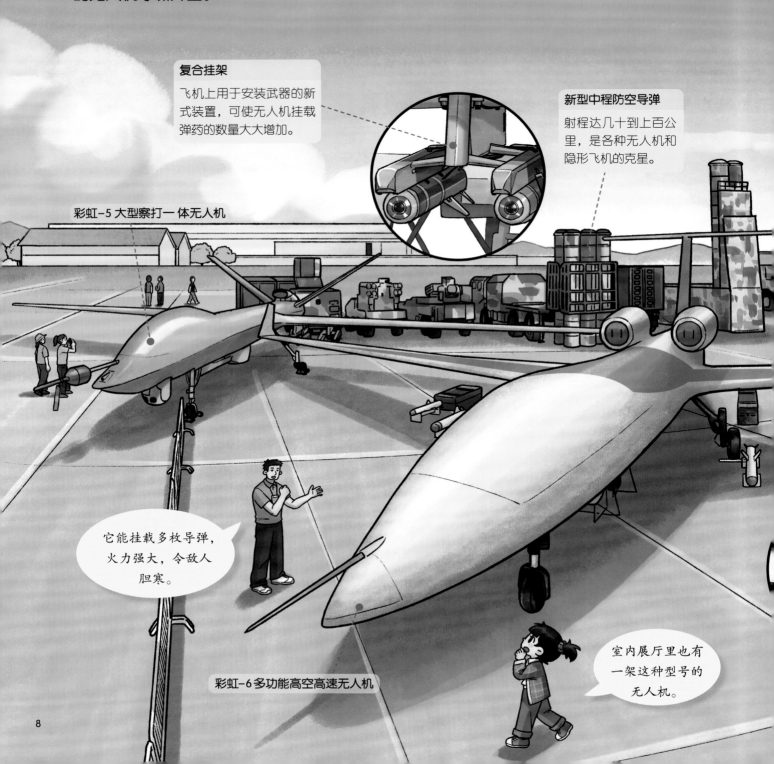

复合挂架
飞机上用于安装武器的新式装置，可使无人机挂载弹药的数量大大增加。

新型中程防空导弹
射程达几十到上百公里，是各种无人机和隐形飞机的克星。

彩虹-5 大型察打一体无人机

它能挂载多枚导弹，火力强大，令敌人胆寒。

彩虹-6多功能高空高速无人机

室内展厅里也有一架这种型号的无人机。

轰 轰 轰——

彩虹-4 察打一体无人机
可执行侦察、打击任务的多功能无人机，是航展中备受关注的"明星"。

发动机尾喷口
用特殊的隔热材料制成，能降低自身的温度，提升无人机的隐身效果。

无侦-10 察打一体无人机
"翼龙"高空无人机家族的新成员，装有能拍摄高清照片的新式侦察相机和先进的合成孔径雷达，能挂载十几种导弹。

反无人机中近程防空系统

轻型反舰导弹

轻型空对地导弹

精确制导炸弹

红外制导导弹

它是我国无人机家族的新成员，能挂载多种类型的精确制导武器。

起落架舱盖
可保护无人机的起落架，合起后与机身之间几乎没有缝隙，可使电磁信号减弱，避免无人机被锁定。

好多种导弹！这架无人机真厉害啊！

无侦-7高空无人侦察机

无人侦察机可以迅速出动，提供高空支援，使我方在空战中处于优势地位。

智能"带刀侍卫"

在室外展区有一架造型独特的无人机。它外形与歼-20隐形战斗机相似，但个头儿小一些，它就是FH-97A隐形无人机。

看，FH-97A隐形无人机作为歼-20的僚机，在智能指挥系统的指挥下，能组成各种队形。

FH-97A隐形无人机

具备强大的空中搜索能力和卓越的电子干扰能力，可与隐形战斗机编队作战，协助隐形战斗机充分发挥打击优势。

光电瞄准系统

看得很远的高清"摄像头"，能帮助隐形战斗机飞行员锁定几十公里外的目标。

护卫队形

内置弹药

无侦-8超声速隐形无人侦察机

整体为流线型设计，隐身效果十分出色。可由轰炸机挂载、投放。

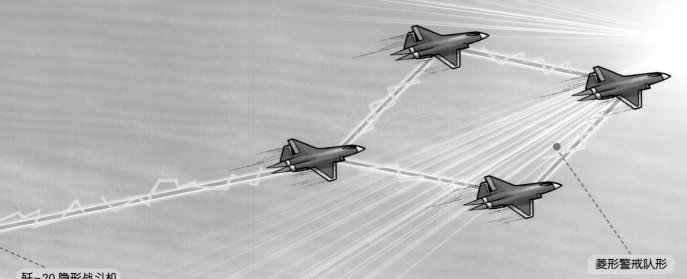

歼-20 隐形战斗机

菱形警戒队形

内置弹药舱能让无人机携带弹药更隐蔽，不易被敌方雷达发现。

什么是僚机？

僚机是跟随长机飞行的飞机，担负着观察空中情况、掩护长机、辅助进攻的任务，是战斗机编队中非常重要的组成部分。

赤心阳兔说

救灾无人机的作用

救灾无人机能在空中迅速确定输电线、塔架、变压器等输电设备的故障点，协助电力抢修人员快速判断故障原因；还能用自带的信号发射器恢复一定范围内的无线网络。

救灾无人机被称为救灾现场的"天空之眼"，能帮助灾区尽快恢复通信和电力。

原来无人机技术已经这么先进了！

弹药补给无人机

由基地内的操作员操纵，可快速向战场输送物资，被称为战场上的"智能送货员"。

注意，取无人机货舱内的物资时要避开高速旋转的旋翼，以免受伤！

无人机是不会疲惫的搬运工，有了它，战士可以节省很多体力！

救援先锋——救灾无人机

无人机在战场之外也能大显身手，比如在发生地震、暴雨、洪水等灾害时。

正在进行电子扫描，立即生成电子地图。

光学航拍摄像头

气象监测装置

信号发射器

翼龙-2H 应急救灾型无人机
可对灾区进行空中侦察，帮助救灾人员开辟救灾生命线。

消防救援无人机
装有高清摄像头和红外扫描仪，能迅速确定火灾位置、到达火灾现场，并借助强力消防水炮和降温灭火弹等灭火。

执行森林消防这样的危险任务时，无人机能派上大用场。

哧哧哧

精彩的无人机表演

我们刚来到表演区，无人机越障表演就开始了！

无人机灵活地直行、上升、悬停、变向，穿过了圆形障碍、三角形障碍、六边形障碍等。

上升
一个旋翼提高转速，其他三个旋翼保持转速不变，由此产生的力会"提"着无人机缓慢上升。

无人机在两个圆形障碍之间上升，不碰到障碍。

悬停
当所有旋翼转速相同时，无人机即可悬停，进行图像扫描。

无人机沿直线飞行，从圆形障碍中心穿过。

旋翼的作用
旋翼无人机是通过改变旋翼的转速来改变飞行方向和飞行高度的，让我来告诉你其中的原理。

赤心墨兔说

无人机足球赛

无人机越障表演结束后，我们去另一个场地观看了一场紧张刺激的无人机足球赛。开场哨吹响后，红蓝两队的队员分别操纵着装有足球形防撞网的无人机进行比赛。

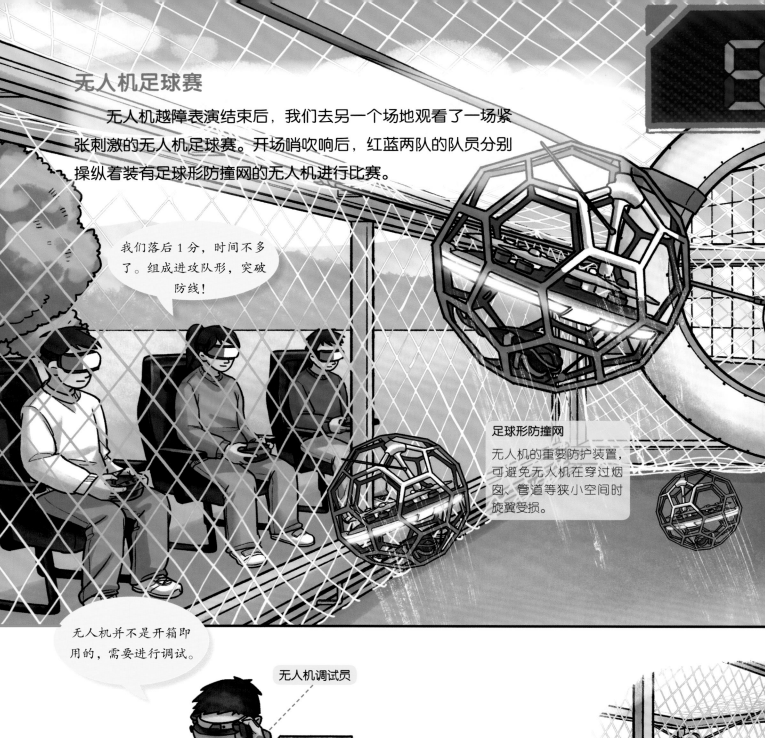

我们落后 1 分，时间不多了。组成进攻队形，突破防线！

足球形防撞网
无人机的重要防护装置，可避免无人机在穿过烟囱、管道等狭小空间时旋翼受损。

无人机并不是开箱即用的，需要进行调试。

无人机调试员

调试工具箱

人工智能战术

小型自爆无人机

装有固体炸药的一次性攻击型无人机。杀伤力十足，连坦克顶部的装甲都能炸碎。体积很小，一个专用携行箱就可容纳4架。

多功能手持显示器

可显示无人机拍摄的图像，信息延迟仅有零点几秒，具备卫星通信和文字指令传输等功能。

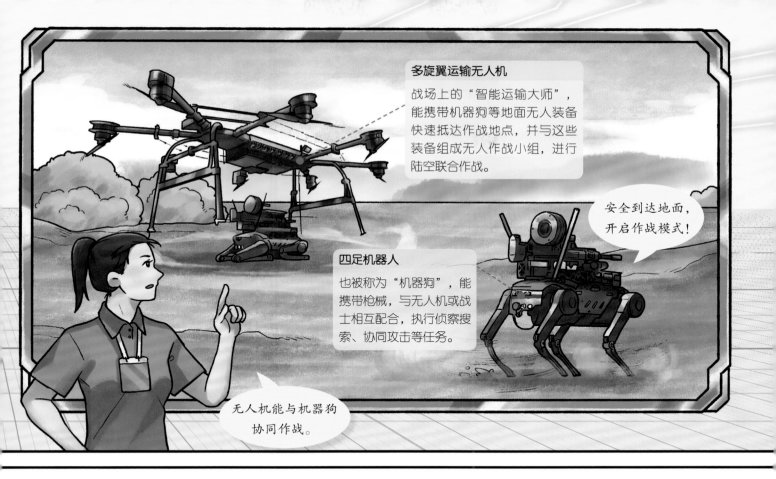

无人机陆地作战

神出鬼没的侦察行动、从天而降的火力打击……无人机的出现及应用改变了传统的陆地作战方式，并催生了许多新型战术。

车载式侦察无人机

侦察部队装备的大型无人机，可利用车辆搭载的弹射架起飞。

攻击-11 隐身无人机

像一枚三角飞镖，可携带大量智能化弹药。机翼和机身融为一体，可降低无人机被雷达发现的概率。

看，面对无人机作战小组的猛烈攻击，敌方军舰根本无力招架！

接下来，等我们的军舰赶到，我方就能完全控制敌人了。

"战狼"无人直升机

可接入海陆空一体化智能作战系统，借助机枪、反舰导弹、小型榴弹等武器对敌方军舰发动快速攻击。

无人机海上作战

　　无人机不仅改变了陆地作战方式，对海上作战方式也有一定的影响。在现代海战中，无人机既可以掌握制空权，也可以帮助舰队夺取制海权。

确定发射数量后点击"是"就可发射。在智能化战争中，智能武器的操作变得更加便捷了。

是否发射

是　否

巡飞弹发射车

能装载数十枚巡飞弹。装备的智能化控制系统可自动列出目标清单。

折叠式弹翼

为了减小存储空间，巡飞弹在发射筒中时，弹翼呈收起状态。巡飞弹被发射到空中后，弹翼会自动展开。

巡飞弹

结合了无人机和巡航导弹特点的新型智能化武器。搜寻目标时可像无人机一样在目标区域上空长时间飞行，一旦锁定目标，就能发起精准攻击。

弹翼展开之后，巡飞弹就像一架无人机！

遮天蔽日的"蜂群"

　　随着科技的发展，一种既像无人机又像巡航导弹的智能攻击武器横空出世，它就是巡飞弹！

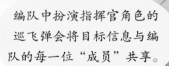

编队中扮演指挥官角色的巡飞弹会将目标信息与编队的每一位"成员"共享。

巡飞弹编队
可以按照规划弹道自主飞行，有序执行攻击任务。

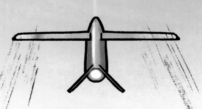

唰 唰 唰——

上百枚巡飞弹就像蜂群一样集中对敌人发动进攻，因此也被称为"蜂群编队"。

指挥层

作战层

侦察层

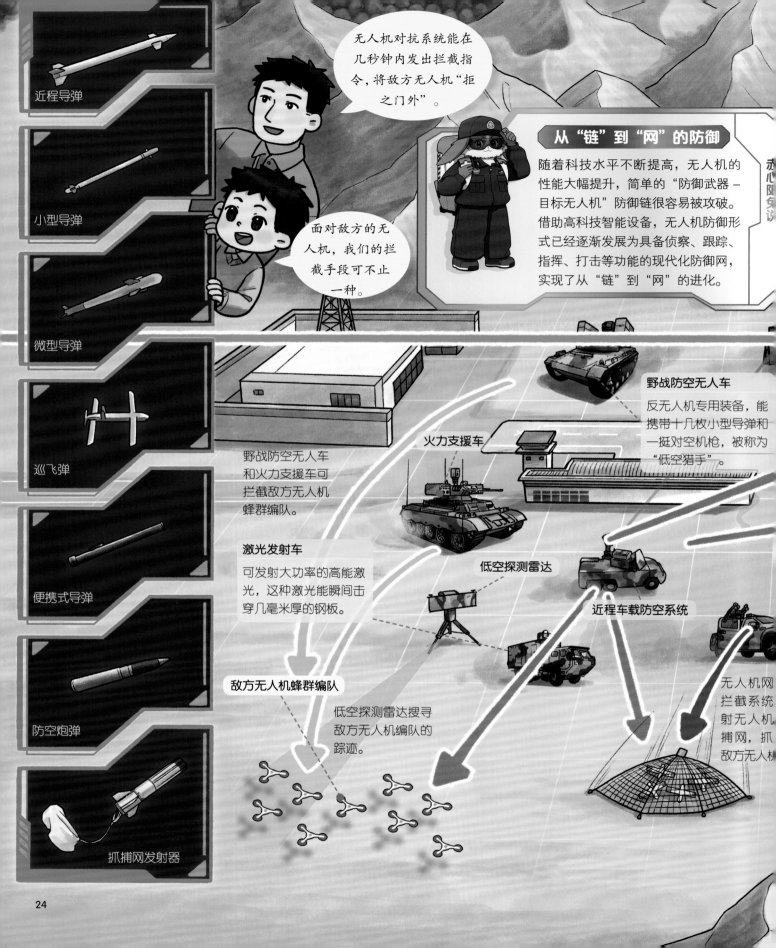

低空神盾——无人机对抗系统

在现代空战中，无人机正发挥着越来越重要的作用，但它并非不可抵挡。无人机对抗系统能整合多种武器，并利用人工智能系统对武器进行排列组合，形成一面坚固的"低空神盾"来抵挡无人机。

中远程防空系统

中远程防空系统发射远程拦截导弹，拦截敌方无人机编队。

对空搜索雷达

防空指挥车

近程车载防空系统利用电磁干扰装置扰乱敌方无人机的信号，使其失去控制。

敌方大中型无人机编队

中低空防空系统

反无人机专用防空系统

无人机网捕拦截系统
可发射捕虫网一样的无人机抓捕网，"捕捉"几米至几百米内的敌方无人机。

电子干扰、导弹拦截和网捕是拦截无人机的三种重要方式。

快看，无人机像昆虫一样被网住了！

25

隐身飞翼无人机
具备自主作战能力，机翼和机身融为一体。

组合式无人机
可在空中分成数架小型无人机。它们可分别悬停、移动，执行侦察、跟踪等任务。

全息眼镜
操纵者戴上它能以无人机的视角控制其飞行方向。

未来，无人机会飞得更快、更高。

微型无人机
只有手掌大小，便于携带，配有高清摄像装置，是战士执行侦察任务时的好伙伴。

仿生无人机
像小鸟一样扇动翅膀飞行。敌人很难将它与普通飞鸟区分开。

国产新型运输无人机
能搭载数吨货物飞行上千公里，运力相当于一架普通的轻型运输机。

到那时候，也许用"意念"就能控制无人机了！

陆空两用无人机
既能在空中飞行，也能在地面行进的高科技无人装备。

新型无人机，亮相！

人工智能、大数据、云计算……科学技术的发展日新月异，不久的将来我们还会看到更先进的无人机。

腾飞吧，中国无人机！

晚上，室外展区举行了壮观的无人机灯光表演。一条"无人机彩龙"在夜空中飞跃翻腾，在场的观众大声欢呼喝彩。相信在未来，中国的无人机会带给世界更多的震撼。

灯光表演专用无人机